Lieferung 21 Preis 1 Mark
Gesamtpreis des Werkes gebunden 25 Mark

DIE ZEICHENKUNST

METHODISCHE DARSTELLUNG DES GESAMTEN ZEICHENWESENS

UNTER MITWIRKUNG
VON
A. ANDĚL, LUDWIG HANS FISCHER, M. FÜRST, O. HUPP, A. KULL, KONRAD LANGE, A. MICHOLITSCH, ADOLF MÖLLER, PAUL NAUMANN, F. REISS, A. v. SAINT-GEORGE, KARL STATSMANN, R. TRUNK, J. VONDERLINN UND HERMANN WIRTH

HERAUSGEGEBEN
VON
KARL KIMMICH

ZWEITE
VERBESSERTE UND VERMEHRTE AUFLAGE

MIT 1157 ABBILDUNGEN IM TEXT
UND 60 TAFELN IN FARBEN- UND LICHTDRUCK

23 LIEFERUNGEN à 1 MARK UND 2 EINBANDDECKEN à 1 MARK
KOMPLETT IN 2 ORIGINALLEINENBÄNDEN 25 MARK

LEIPZIG
G. J. GÖSCHEN'SCHE VERLAGSHANDLUNG

Einzelne Lieferungen werden nicht abgegeben
Die Abnahme von Lieferung 1 verpflichtet zum Bezug des ganzen Werkes

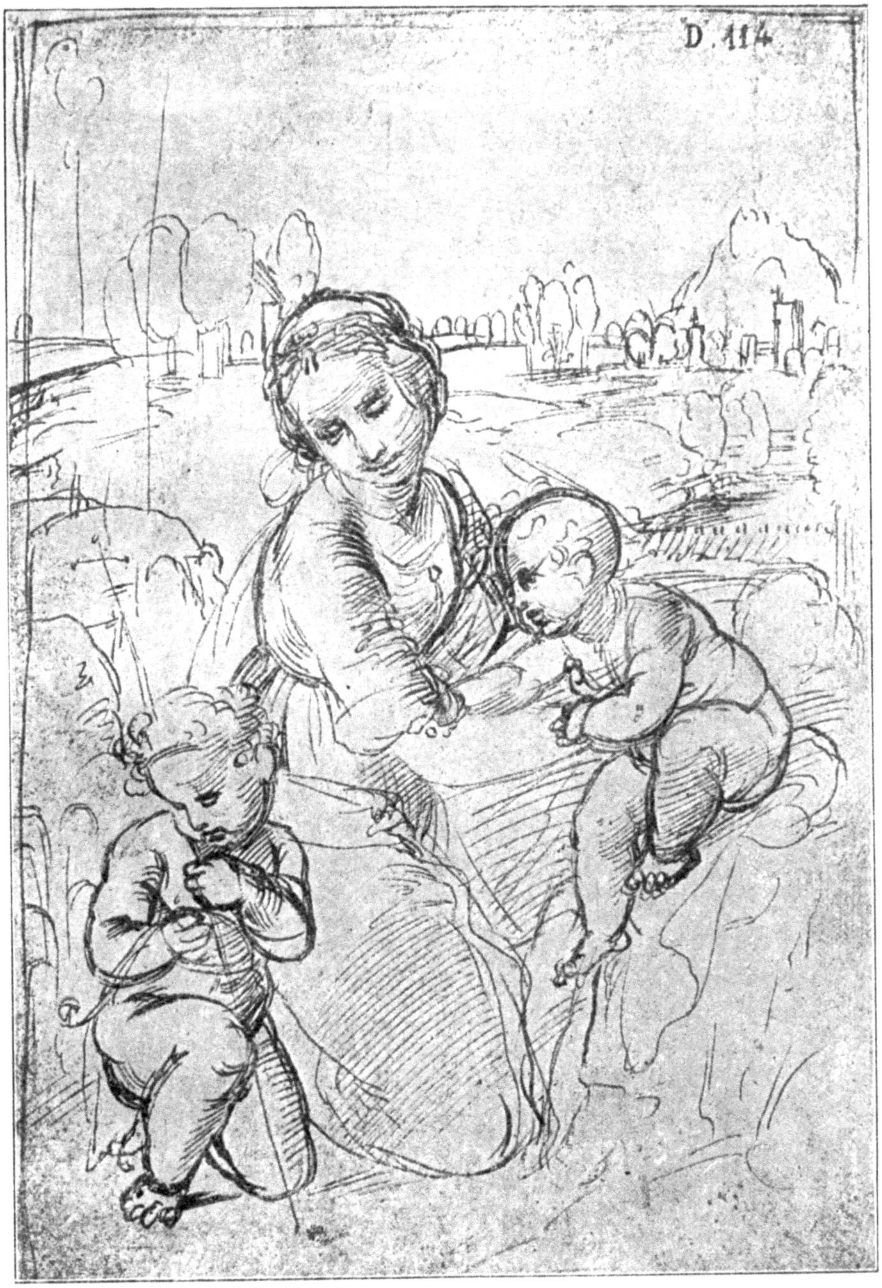

Fig. 1066.

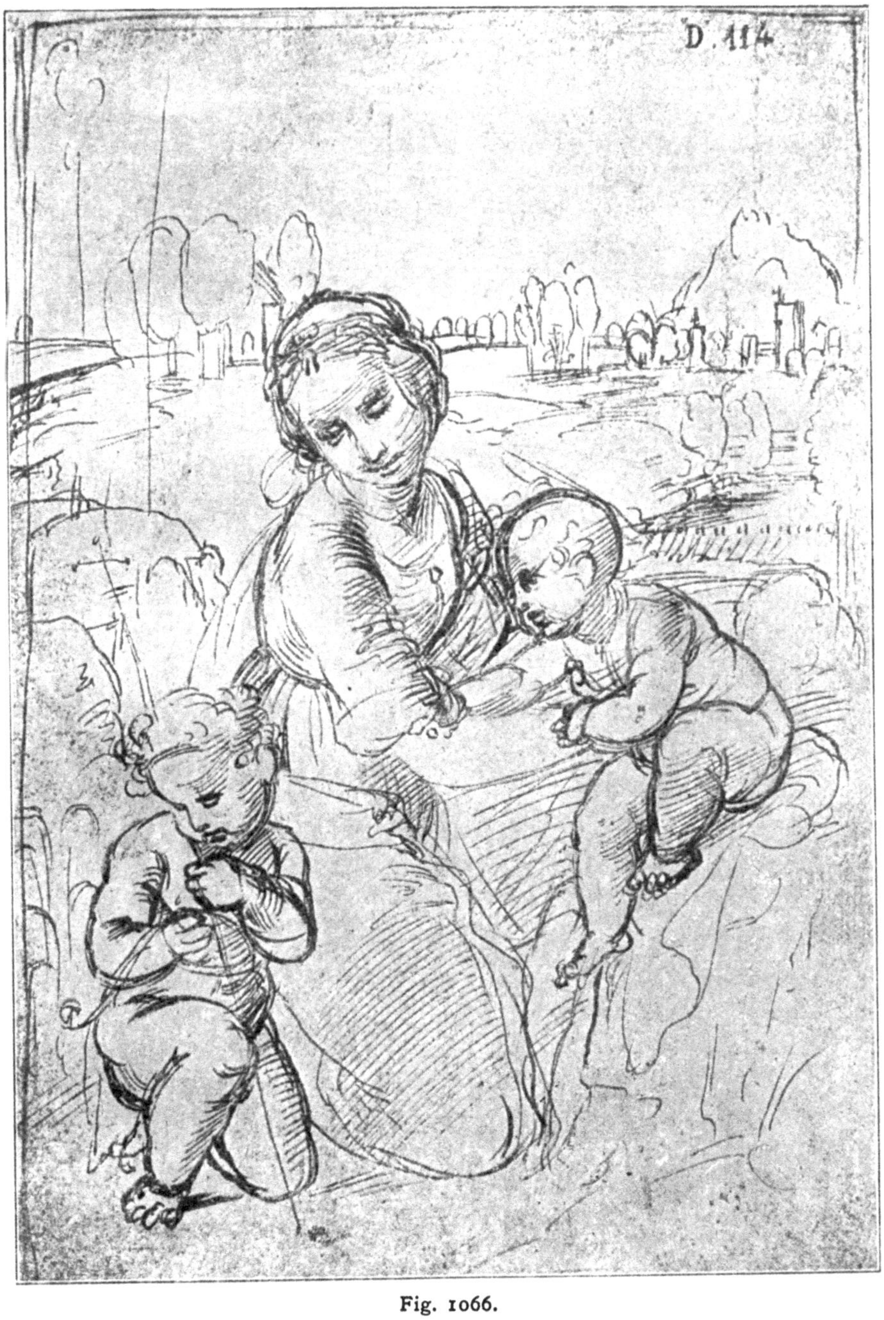

Fig. 1066.

XVI

Das Tierzeichnen

Von

Albert Kull

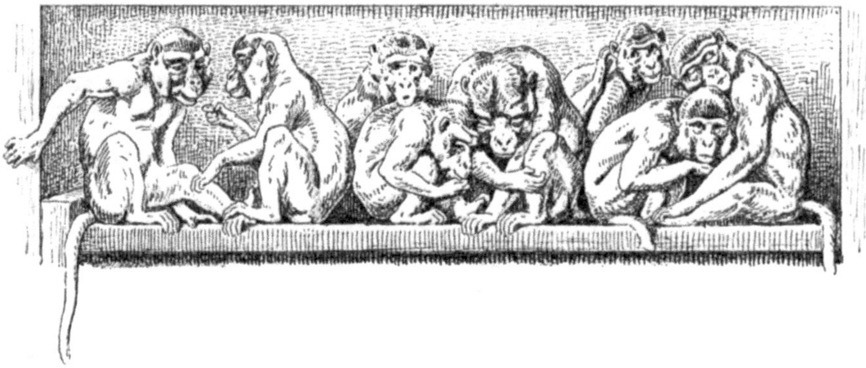

Es ist unmöglich, von einem Tier ein richtiges Bild zu entwerfen, ohne daß ein Verständnis der einzelnen Formen seines Körpers vorausgeht. Insbesondere muß die Lage der Schultern, des Oberarms, des Beckens, des Oberschenkels richtig fixiert werden, weil darauf die richtige Stellung der Glieder beruht. — Aber selbst ein ferm dressierter Vorstehhund steht kaum so lange still, daß man auch nur die oberflächlichste Kontur zu Papier zu bringen vermag. — Der Hund hat das Bestreben, sich so rasch wie möglich zu setzen, nur durch fortwährendes Bewegen, Auf- und Abführen und durch stete Veränderung des Aufnahmepunktes wird es möglich, zur Vollendung des Bildes zu gelangen. — Beschränkt sich nun das Studium auf Spezialitäten, so wird sich dem Gedächtnis bald ein gewisses Schema eingeprägt haben. Anders, wenn verschieden gebaute Tiere ohne vorhergehendes Einzelstudium zeichnerisch wiedergegeben werden sollen. Da bleiben Fehler nicht aus.

Ein bedeutender Berliner Pferde- und Hundemaler z. B. gibt den Details seiner Hundeporträte stets die steile Stellung der Pferdeglieder. Ein anderer renommierter Tiermaler gibt seinen Löwen und Katzen stets etwas Hundeartiges in Gesichtsausdruck und Bewegung. So verrät sich immer das besondere Fachstudium auch in der Abbildung anderer Tiere. — Der Anfänger tut darum gut, entweder seine Kraft auf eine Tierart zu beschränken, bevor er zu einer anderen übergeht, oder (was besser ist) sich gleich eingehend über die Verschiedenheit der einzelnen

Tierformen zu orientieren. Letzteres erfordert freilich viel Studium, auch fehlt es hierin vollständig an den nötigen Lehrbüchern. Mußte ich doch selbst meine Kenntnisse auf diesem Gebiet mühsam aus wissenschaftlichen Werken (meist tierärztlichen Inhalts) zusammenstoppeln, meistens aber durch Studien an toten Exemplaren mir erringen.

Anatomische Vergleichungen zum Verständnis verschiedener Tiere und Vögel in ihrer Stellung und Bewegung.

Lehrreiche Abbildungen hierzu bieten die Seiten 537 und 539 zunächst über den Skelettbau.

Die Werke über Pferdeanatomie leiden meistens an dem Mangel plastischer Darstellung, namentlich der Verkürzungs- und Bewegungsmomente (Tafel LIV). Eine rühmliche Ausnahme macht ein von Pferdemaler Ebner in München verfaßtes Werk, nur ist es leider in der Reproduktionsweise zu flüchtig und unklar gehalten.

Für die Wiedergabe der Kontur eines Säugetiers ist das Verständnis der Einzelheiten von wesentlicher Bedeutung. So bilden z. B. die verschiedenen Entwicklungsstufen der Fußwurzelknochen und Zehenglieder ein so wichtiges Moment für die ganze Körpergestalt und Bewegungsart des betreffenden Tieres, daß ein Pferd nicht schleichend und eine Katze nicht auf den äußersten Zehenspitzen stehend gedacht werden kann. — Je länger die Mittelfußknochen sind, desto steiler, höher und härter wird das Tier stehen und gehen; je kürzer, desto weicher, niederer und biegsamer wird sich das Tier bewegen, schwerfälliger und plumper, wenn, wie bei den Sohlengängern, eine Verkürzung infolge des teilweisen Verlustes eines Bewegungswinkels vorhanden ist. (Siehe Seite 537: Hinterfußskelett von Pferd, Hirsch, Hund, Löwe, Bär.) Darum soll ein Hund nicht mit pferdeähnlichen und ein Löwe nicht mit hundeähnlichen Füßen dargestellt werden.

Die wichtigsten Punkte des Skeletts, welche die Kontur des Tieres bestimmen, sind außer dem Schädelprofil: die Lage des Schulterblattes, die Einlenkung des Oberarms in die Pfanne des Schulterblattes, der Ellbogen, die Fußwurzelknochen (sog. Knie), die Zehen-, Huf- oder Nagelglieder, der Widerrist (Dornfortsätze der Rückenwirbel), welcher namentlich bei Rindern und Pferden die Kontur des Rückens markiert, der Rippenkorb mit dem Brustbein; am Becken die Hüftknochen, die

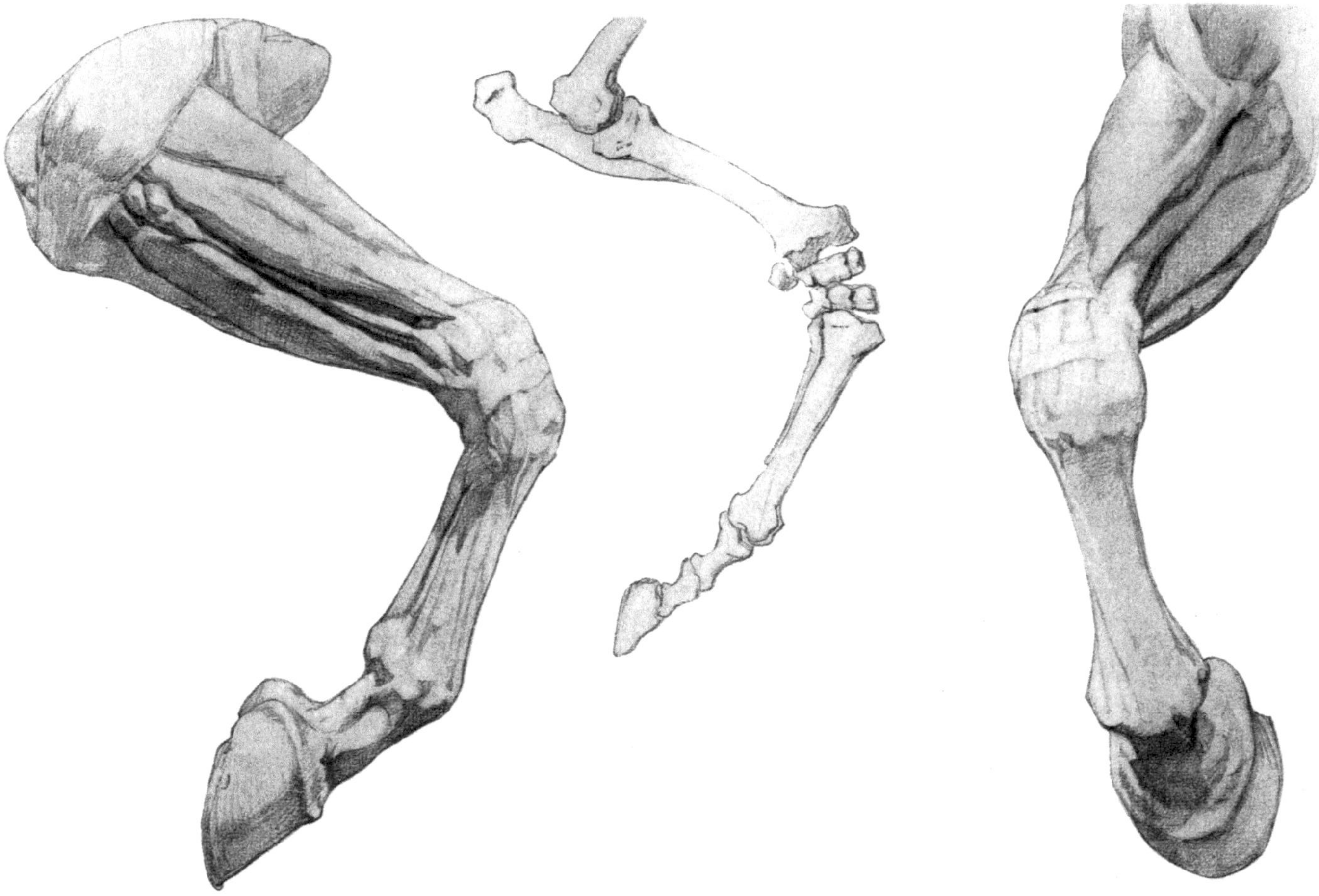

K. Kimmich: Anatomische Pferdefüsse nach Gips.

Pfanne mit Oberschenkelknopf, das Sitzbein, die Kniescheibe mit dem Unterschenkelbein, das Fersenbein (Sprunggelenk) und wieder die Zehenglieder (siehe Seite 537: Skelett von Rind und Löwe) usw.

Mit Unrecht betonen die meisten Lehrbücher die Notwendigkeit, das Muskelsystem vollständig inne zu haben, denn die meisten Muskeln kommen bei bildlicher Darstellung gar nicht in Betracht, weil sie tiefer liegen, mit Fett ausgepolstert und von der Haut vollständig verdeckt sind. Nur bei ganz kurz- und glatthaarigen Tieren, namentlich beim Pferd, Hund, Rind usw., ist die Kenntnis der obersten Hals-, Brust-, Schulter-, Oberarm-, Kruppen- und Schenkelmuskeln notwendig, desgleichen die der Muskeln und Sehnenbänder der Gliedmaßen. Das Studium der Bewegung der Beuge- und Streckmuskeln ist übrigens ein ziemlich verwickeltes und umständliches. Einfacher und klarer wurde mir dasselbe am lebenden Modell; bei diesem suchte ich die durch Schatten und Licht klar hervortretenden Formen möglichst präzis wiederzugeben, worauf ich die Skizze mit den Details eines anatomischen Atlasses verglich.

Bei der Wiedergabe von Vögeln kommt die Muskulatur gar nicht in Betracht, da deren Kontur ausschließlich durch das Gefieder bestimmt wird (Form der Federn, Färbung, Federfluren).

Erwähnt sei außer dem mannigfaltigen Kopfputz: das Halsgefieder, meist flaumig und ohne sichtbare Struktur, oft durch schmale, lanzettförmige Federn deutlich markiert, wie bei der Gans, beim Adler usw.; die Rücken- und Schulterfedern, die meist grob sind und von oben nach unten immer größer werden und sehr oft über die Kontur des Rückens hervorragen (Fig. 1110); ferner die Unterrücken- und Bürzelfedern, die meist flaumiger und heller in Farbe sind und stufenweise in die schmalen und längeren Oberschwanzdecken übergehen; die Schwanzfedern oder der Stoß sind meist aus zwölf harten gleich breiten und langen Federn gebildet, oder am Ende gegabelt, abgerundet, auch keilförmig, oft aber auch die abenteuerlichsten Formen annehmend, wie beim Papagei, Pfau usw.

Die vordere und untere Kontur wird in den meisten Fällen durch kurze, flaumige, den Formen des Kropfes, der Brust, des Bauches enganliegende Federn markiert, doch können dieselben, namentlich am Kropfe, stark aufgeblasen werden, so daß der Vogel viel dicker und plumper erscheint, als er wirklich ist. — Die Unterschwanzdecken sind denen der Oberseite entsprechend gebildet, aber noch flaumiger. — Die Schenkelfedern entsprechen meistens denen der Unterseite, sind kurz und flaumig und lassen die Form der Schenkel wenig zur Geltung kommen, außer in den sogenannten Hosen bei Hühnerarten (Cochin) und Raubvögeln, die eine härtere und stärkere Struktur darstellen.

Die Flügel oder Schwingen bestehen aus den Flügeldecken erster, zweiter und dritter Ordnung oder aus kleinen, mittleren und großen Deckfedern, den Nagel- oder Daumenfedern (auch Bugfedern genannt), endlich den Achsel-, Arm- und Handschwingen (Seite 539, unten) sowie den Unterflügeldeckfedern.

Weit wichtiger als die Muskulatur ist das Skelett des Vogels; die Kenntnis des Gliederbaues, der Schwingen und Beine desselben ist unentbehrlich.

Die Schwingen bestehen aus dem Oberarm, dem doppelten Unterarm (Elle und Speiche) und der Hand, welche aus Daumen, Mittelhand, Finger und Nagelglied, zusammen Bug genannt, gebildet ist (Seite 539: Adlerskelett).

Zusammengelegt bilden die Flügel nur ein schmales, längs des Körpers verlaufendes Band, welches noch von den Rücken- und Schulterfedern, sowie von dem Brust- und Weichengefieder, also von oben und unten, fast ganz verdeckt werden kann, so daß außer den vorragenden Handschwingen nur wenig vom Flügel sichtbar bleibt. — Ausgebreitet nimmt der Flügel fast den vierfachen Raum ein (vgl. Seite 539).

Da die Beine des Vogels (Oberschenkel und Unterschenkel) bis zum Fersengelenk von Federn vollständig verdeckt sind, könnte deren Form und Lage als unwesentlich erscheinen; allein da die Füße je nach der Bewegung an ganz verschiedenen Stellen aus der Kontur der Federn hervortreten, ist es nötig, sich ein Bild davon zu machen. So muß der Fuß eines aufrechtstehenden Vogels ganz nach hinten unter den Bürzel gerückt sein, wobei auch der Schenkel noch deutlich zum Ausdruck kommt (siehe Hahn, Seite 539).

Anders verhält es sich bei vorgelegtem, niedergebeugtem Körper; hierbei wird die Biegung in Pfanne und Kniegelenk eine viel stärkere, wodurch die Ferse bis zum Brustbein und Kropf vorgeschoben werden kann (siehe Seite 539: Hühner).

Diesem Umstand wird bei dem Ausstopfen der Vögel viel zu wenig Rechnung getragen. Da alle Skeletteile entfernt werden, so wird die Stelle ganz willkürlich bestimmt, wo die Füße aus dem Rumpfe hervortreten. Daher sind auch die Abbildungen in zoologischen Werken meistens unrichtig, weil sie nach falsch ausgestopften Exemplaren angefertigt sind.

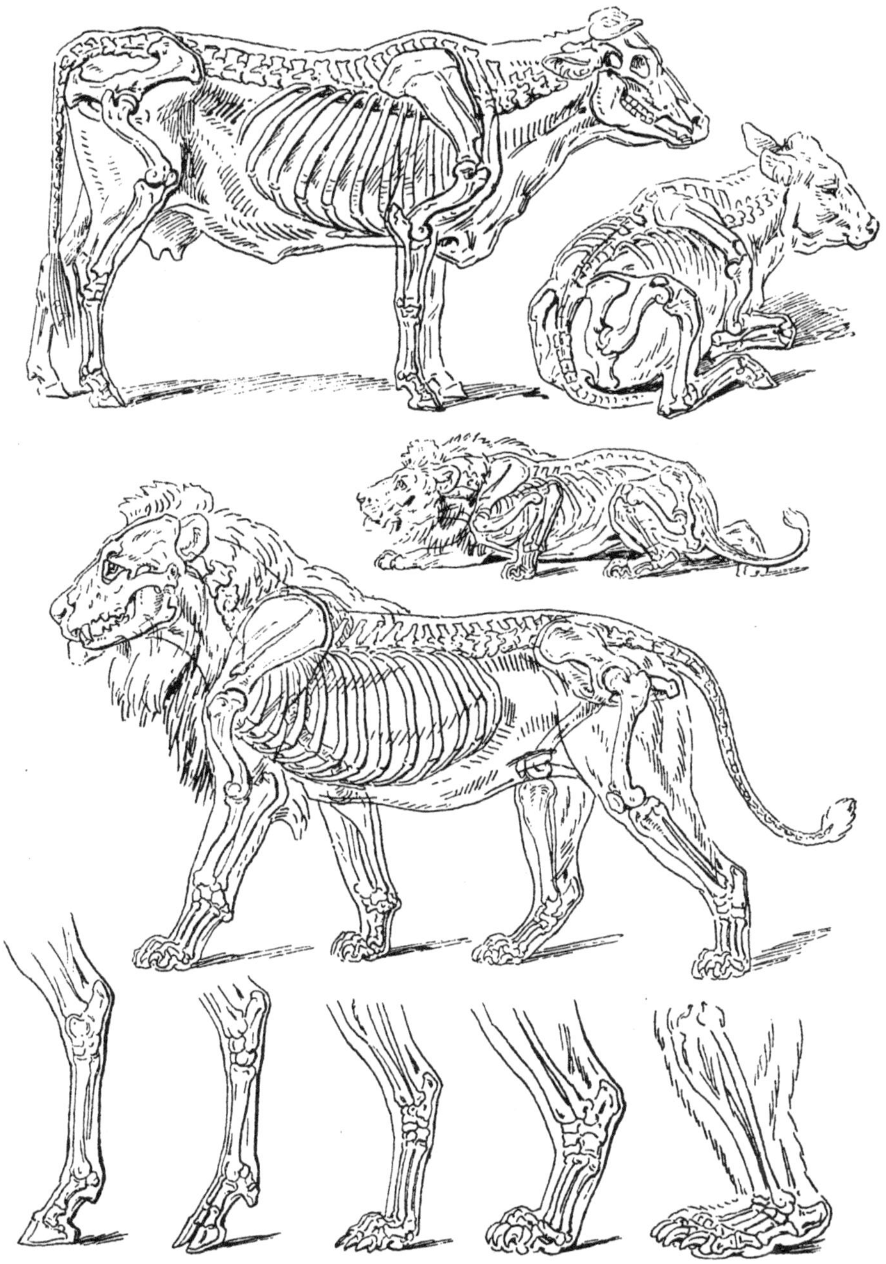

Fig. 1067—1075. (Kuh im Profil. — Liegendes Kalb. — Schleichender und gehender Löwe. — Fußglieder von Pferd, Hirsch, Hund, Löwe und Bär.)

Benützung guter Vorlagen, Photographien usw.

Die Erwerbung der einschlägigen Vorkenntnisse wird wesentlich erleichtert durch das Kopieren guter Vorlagen. Die Tiermaler Gebrüder Specht haben prächtig lithographierte Tierköpfe, die Tiermalerin Rosa Bonheur Studienblätter von Pferden, Rindern usw. gezeichnet, Professor Flinzer allerlei reizendes Getier und Geflügel, leider aber nicht ganz zweckentsprechend dargestellt[1]).

Die besten Vorlagen geben direkte Naturskizzen aus der Hand guter Meister, welche freilich selten zu haben sind.

Die in Zeitschriften erscheinenden Holzschnittillustrationen können auch als Vorlagen dienen, sie müssen aber mit einfachem mittelweichen Bleistift, bestimmte Konturen und Schattenangaben ohne jeden Mittelton, oder mit Pinsel und Tusche ausgeführt werden.

Besonders gute Vorlagen bilden die von den Tiermalern Heinrich Leutemann und Guido Hammer gezeichneten Illustrationen; dieselben zeichnen sich durch klare, naturgetreue Konturen aus; die Fr. Spechtschen Kompositionen sind meist zu bewegt und effektvoll, geben darum dem Anfänger ein weniger klares Bild von der Charakterfigur eines Tieres. Direkt warnen möchte ich vor dem Kopieren schlechter Bilder.

Farbige Vorlagen hat eine Engländerin geliefert, die freilich sehr geschickt behandelt, aber höchst oberflächlich gehalten sind.

Das Schönste, was existiert, sind die Vogelstudien von Giacomelli.

Das Wertvollste, aber auch Schwierigste ist das Zeichnen nach photographischen Naturaufnahmen. Es empfiehlt sich, dieselben stets etwas größer zu kopieren, dabei ist auf peinlichste Einhaltung der Kontur zu sehen; die Schatten, Licht- und Farbenwirkungen müssen in möglichst bestimmten Flächen heraustreten, und zwar eher zu hart als zu weich. Nur dadurch lernt man Formen kennen und im Gedächtnis behalten.

Das Kopieren von Naturphotographien erfordert aber schon volle Kenntnis der Formen, daß bloße Raten und Probieren ist eher schädlich als nützlich, zudem hat man noch mit bedeutenden Übelständen zu kämpfen. So zeigen die weißen Töne fast gar keine Modulation mehr, während die dunklen, namentlich die roten, viel zu undurchsichtig sind. So sind bei dem untenstehenden Kopf des Bernhardinerhundes auf der

---

[1]) Ein hübsches Heftchen von Aug. Specht mit Haustieren, im Verlag von Veigel, Stuttgart, kann warm empfohlen werden.

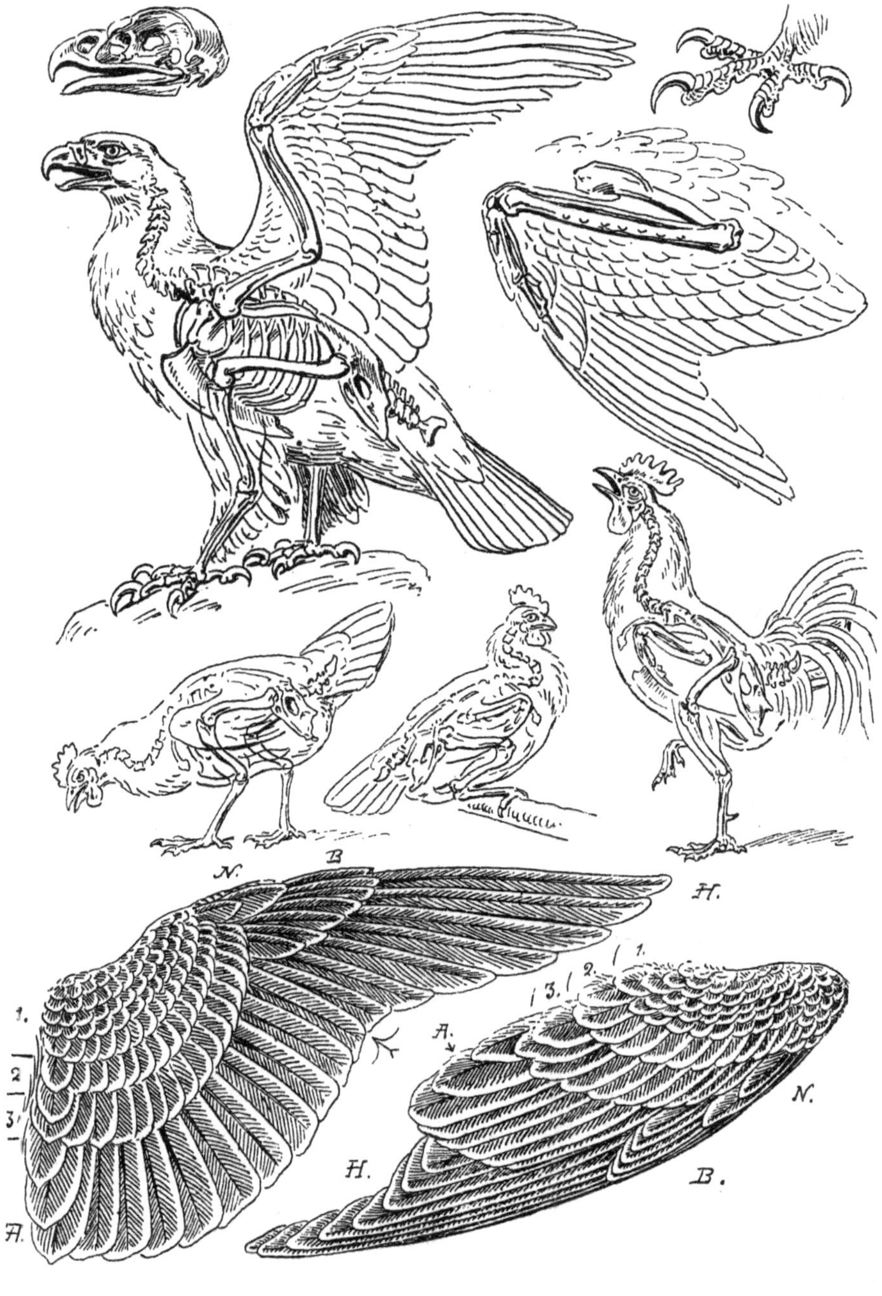

Fig. 1076—1084. (Adlerschädel. — Adlerskelett mit ausgebreitetem Flügel. — Adlerkralle. — Zusammengelegter Flügel. — Hühner in verschiedener Stellung. — Benennung der Federfluren am Flügel: 1, 2, 3 = Deckfedern erster, zweiter und dritter Ordnung, N = Nagel-, B = Bugfedern, A = Arm-, H = Handschwingen.)

einen Seite die Augen gar nicht mehr zu sehen, auf der anderen die Formen des Kopfes zu unbestimmt. Diese Teile müssen also nach der besser beleuchteten Seite ergänzt werden, das ist aber ohne richtiges Verständnis unmöglich (siehe Fig. 1086).

Alles Kopieren hat nur Wert, wenn der ernste Vorsatz besteht, sich Gefühl und Verständnis für charakteristische Formen anzueignen, daher übe man sich, das einmal Gezeichnete frei aus dem Gedächtnis zu wiederholen und womöglich sich über das „Warum" der Form durch Einzeichnen der Skeletteile zu überzeugen.

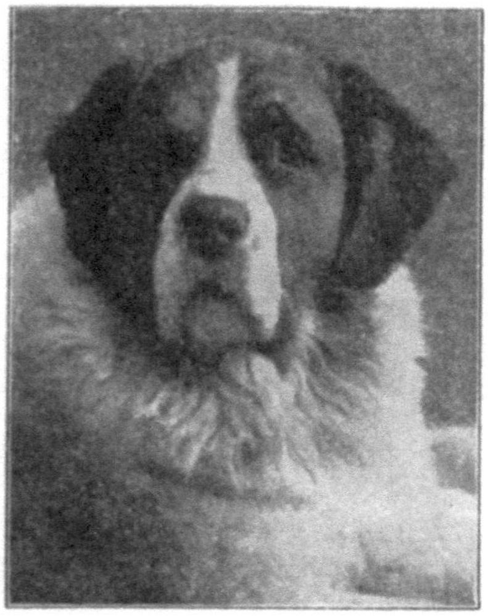

Fig. 1085.

Was das Zeichnen nach ausgestopften Exemplaren betrifft, so ist es bei sämtlichen Säugetieren meist wertlos, denn es existieren nur wenige Präparatoren, die den Opfern ihrer Kunst eine auch nur halbwegs natürliche Form und Stellung zu geben vermögen; Knochen und Muskeln, den Gesichtsausdruck einer Katze, eines Hundes oder gar eines Pferdes wiederzugeben, sind die Wenigsten imstande.

Etwas leichter sind die Vögel zu zeichnen, obwohl selten deren Stellung richtig aufgefaßt wird. Am besten lassen sich die offenen Schwingen behandeln; hierbei bildet die Verkürzung in mannigfaltigster Weise eine treffliche, wenn auch nicht leichte Übung.

Die Übung an toten Tieren erfordert ganz frische Kadaver, ist daher im Winter leichter zu bewerkstelligen als im Sommer, bietet aber dafür eine Fülle von Anregung und Belehrung. Vornehmlich eignen sich tote Vögel dazu.

Diesen muß man aber möglichst natürliche Stellungen geben. Man legt den Vogel auf einer nicht allzu geneigten Fläche (eines Pultes oder größeren Reißbretts) zur linken Hand. Dem Kopf wird je nach der beabsichtigten Stellung Watte untergeschoben, die Flügel und Füße werden mit Stecknadeln in der gewünschten Stellung erhalten, auf die rechte Seite neben den Vogel legt man das Papier und zeichnet mög-

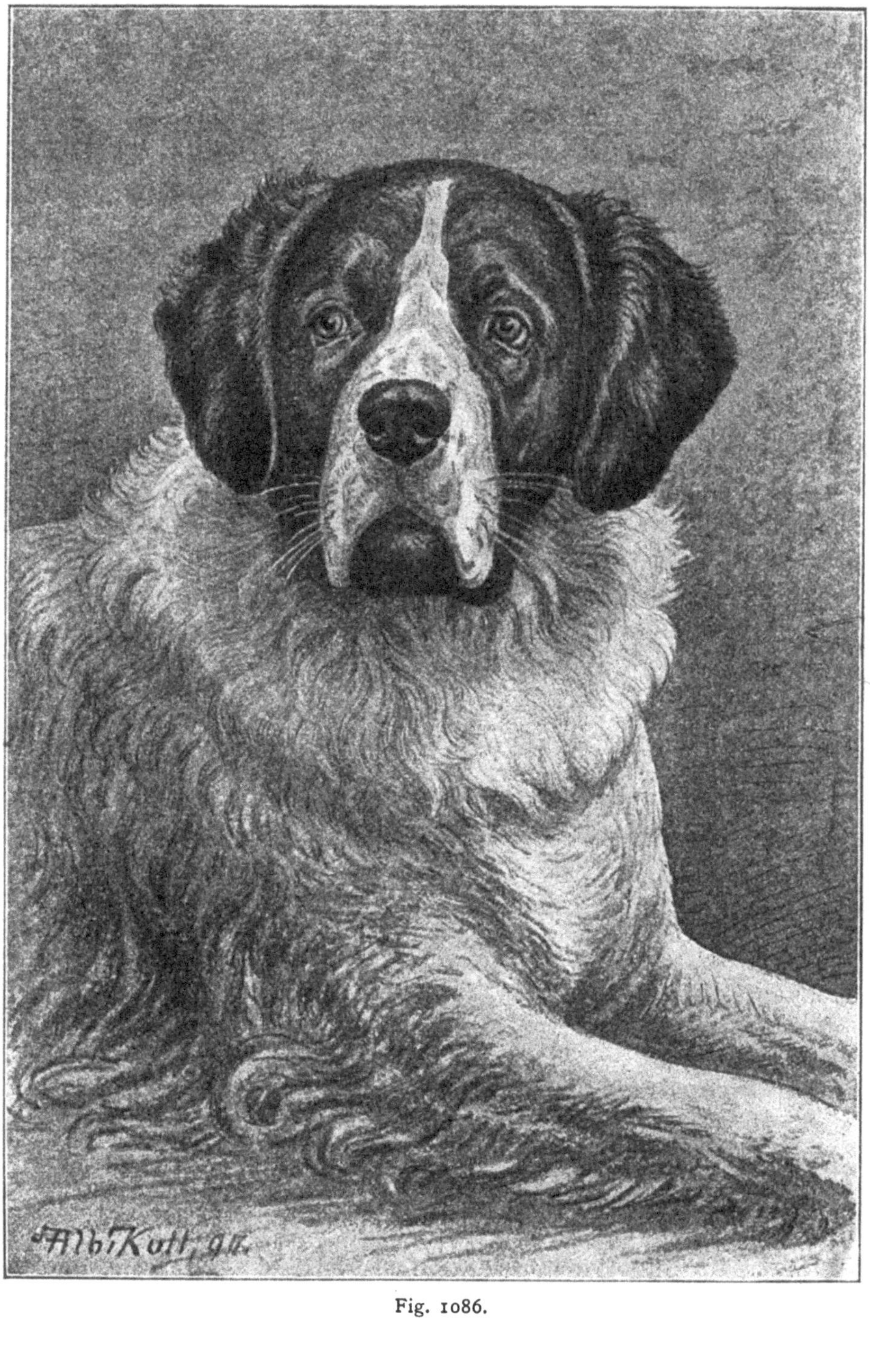

Fig. 1086.

lichst naturgetreu die Kontur mit Bleistift auf (Fig. 1087a und 1087b). Die Modellierung kann mit Pinsel und Tusche geschehen, womit das Weiche der Federn recht gut zum Ausdruck gelangt, alsdann braucht man nur noch mit Aquarellfarben zu lasieren.

Ferner kann man die Flügel und Füße abschneiden, die offenen fleischigen Stellen werden in Asche getaucht oder mit Alaun eingerieben, die Flügel zusammengelegt oder ausgespannt (Fig. 1088), die Füße auf ein Brettchen festgemacht, die Zehen gespreizt, getrocknet und aufbewahrt, um stets wieder zum Studium oder bei anderen Stellungen benützt werden zu können (Fig. 1087b). Das Ausspannen der Flügel geschieht am besten nach und nach, bis die nötige Spannweite erreicht

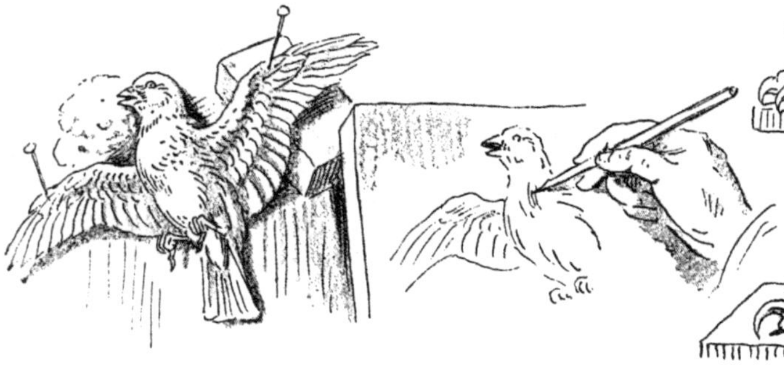

Fig. 1087a.

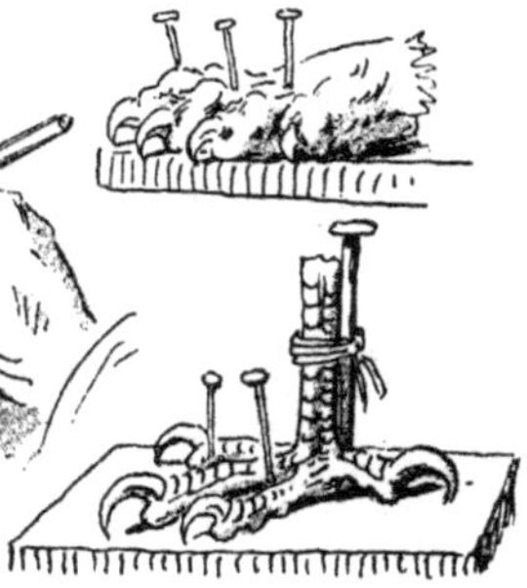

Fig. 1087b.

ist (Fig. 1091), wodurch die Wölbung und der Schwung der Flügel schöner bleiben, als beim Ausspannen auf einem Brett. In gleicher Weise können die Pfoten kleinerer Tiere, z. B. Eichhörnchen, Katzen usw. behandelt werden.

Kleinen toten Tieren eine natürliche Stellung zu geben, ist schwer; es setzt viel Detailstudium voraus. Dieses gewährt höchst lehrreiche Einblicke in die Wunderwerke der Natur. Man vergleiche die Figuren 1089, 1090 und 1092: Wiesel-, Eichhorn- und Katzenohr, sowie Katzenpfoten (Fig. 1093).

Nun zum lebenden Modell! Will man die ganze Figur darstellen, so gilt es, rasch die Umrisse und die Verhältnisse zu fixieren. Hält das Tier aus, so beginne ich mit der Ausführung am Kopf oder am Hinterteil und zeichne alles möglichst klar und präzis. Oder ich beschränke mich von vornherein auf die Ausführung nur eines Teils: dann kann ich gründlicher zu Werke gehen und mit der Zeit das ganze Tier kennen lernen. Wer immer nur die ganze Figur wiedergeben will, kommt selten zur Durchbildung eines Teils und bleibt ein Pfuscher!

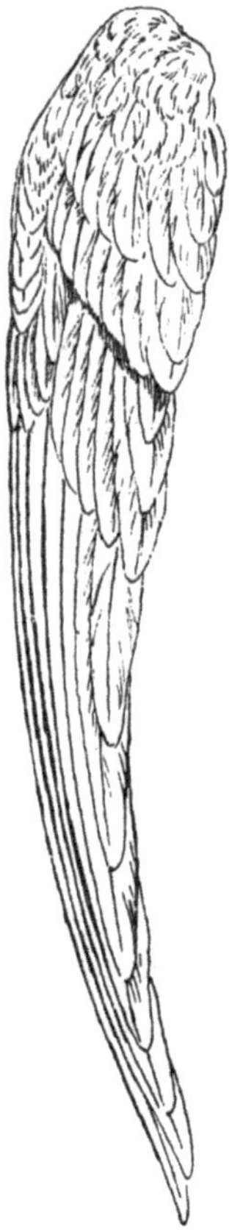

Fig. 1088.

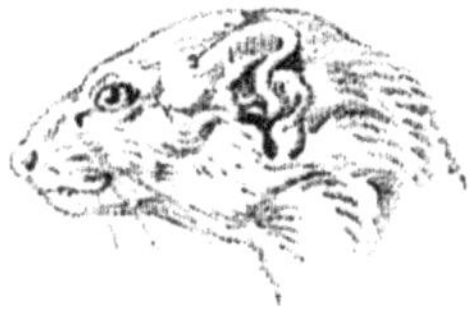

Fig. 1089.

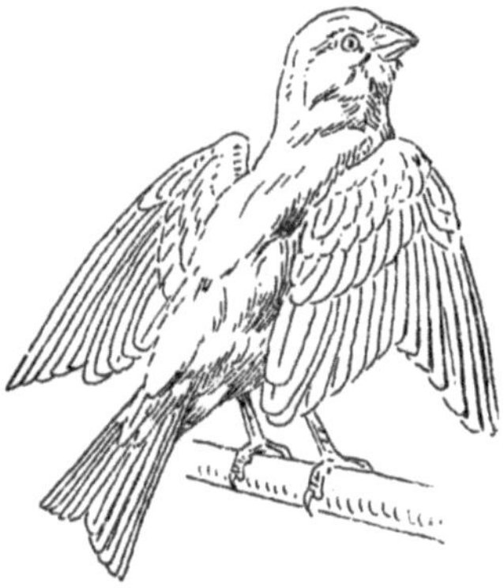

Fig. 1091.

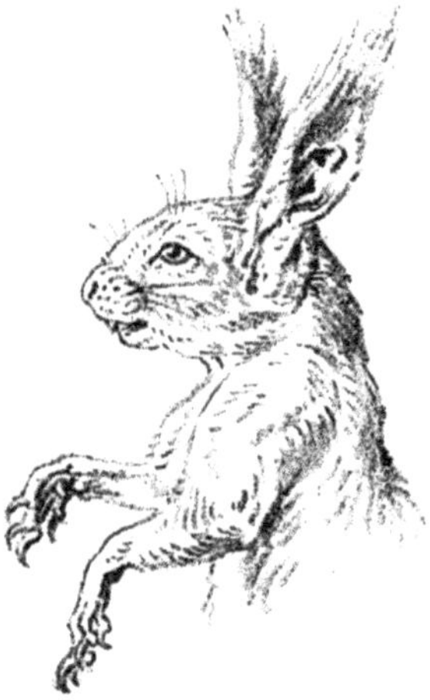

Fig. 1090.

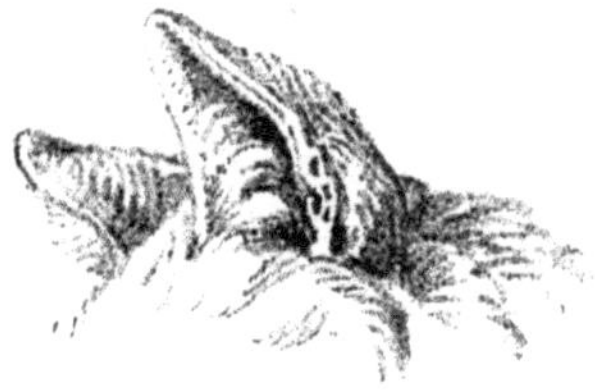

Fig. 1092.

Vor großen Aufzeichnungen möchte ich warnen, weil dieselben zu viel Zeit in Anspruch nehmen. Lieber klein und fertig, als groß und unvollendet!

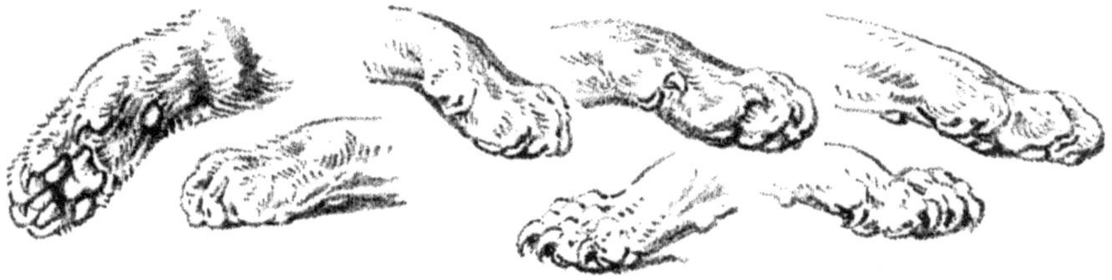

Fig. 1093.

Am besten eignen sich träge Geschöpfe oder Tiere in der Ruhe, wie die Figuren 1094, 1095, 1096, 1097, sowie 1098—1104.

Ferner merke sich der Anfänger: Nur Natur! Nicht das geringste aus der Phantasie ergänzen; er betrügt sich sonst selbst!

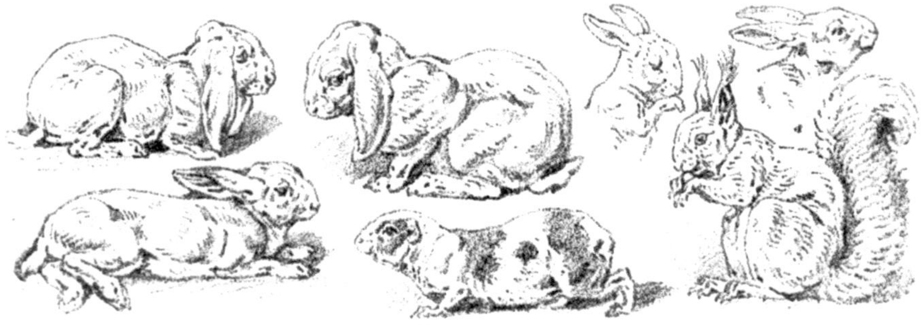

Fig. 1094.

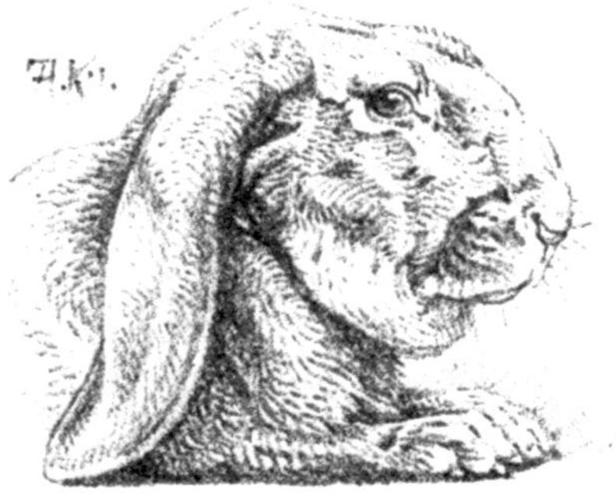

Fig. 1095.

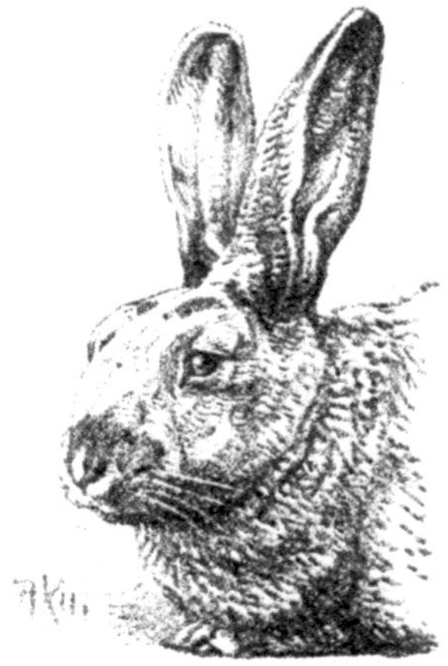

Fig. 1096.

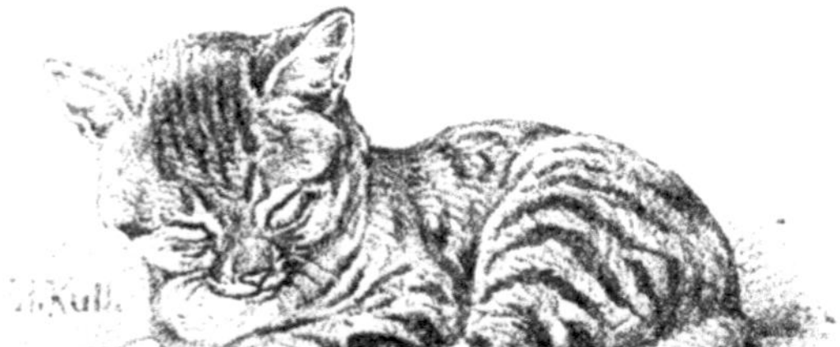

Fig. 1097.

Das Gedächtniszeichnen ist beim Naturstudium fleißig fortzusetzen und die nicht fertig gewordenen Skizzen oder beobachteten Stellungen sind sofort zu Hause auf ein anderes Papier zu bringen, jedoch nicht in das Skizzenbuch!

Hat man nun in rascher Auffassung, in der richtigen Wiedergabe der Verhältnisse und in der Kenntnis der Einzelheiten Fortschritte gemacht, so gehe man zum Studium größerer Tiere über.

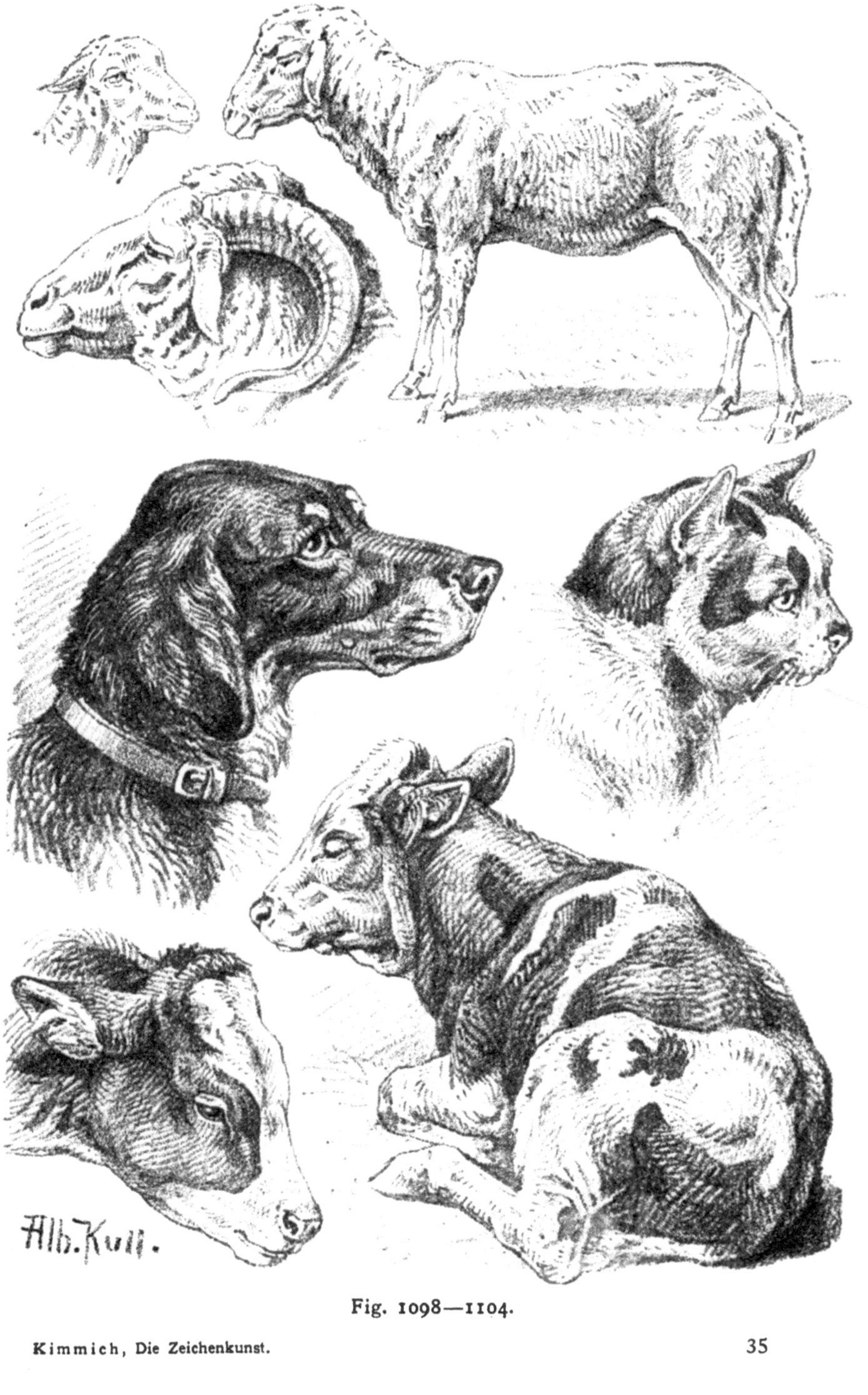

Fig. 1098—1104.

Hierzu eignen sich: Ziegen, Schafe, Rinder in ruhender Stellung, schwieriger sind schon Pferde, Hunde und Katzen (siehe Fig. 1105—1108).

Auch hier wird es freilich selten gelingen, eine vollständige Ausführung zu erzielen; darum bemühe man sich, eine möglichst korrekte Kontur des ganzen Tieres festzustellen; dann erst schreite man zur Ausführung des Kopfes usw.

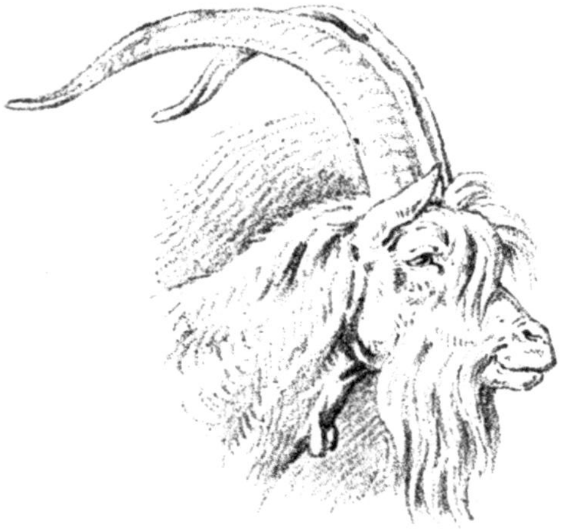

Fig. 1105.

Bei größeren Tieren, wie Pferd, Rind usw., ist es von großem Vorteil, eine möglichst bestimmte Beleuchtung auszufinden und präzis wiederzugeben. Alte Tiere mit markierten Formen sind lehrreicher als junge mit runden (siehe die von der Sonne beleuchtete alte Kuh, Fig. 1107 und 1108).

Sind es dunkle glänzende Farben, so verändern sich die Licht- und Schattenseiten bei jeder Bewegung; dann ist es dem Anfänger unmöglich, sich ein klares Bild von den Formen zu machen.

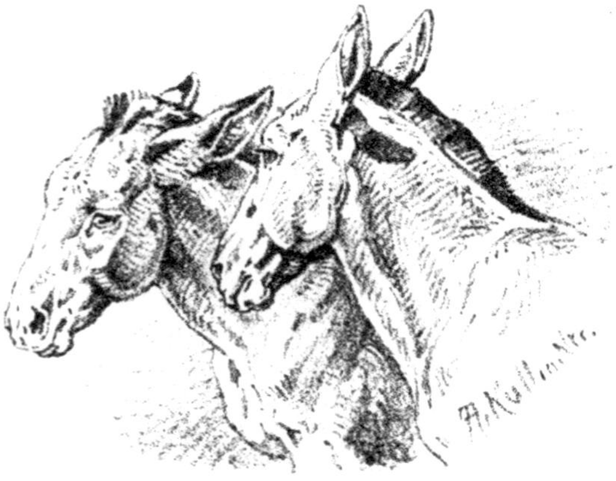

Fig. 1106.

Wagt man sich etwa an die Abbildung eines Löwen, so ist hier wieder das Studium der Details von höchster Wichtigkeit. Die Charakteristik der Augen, der Nase, der Lippen, die feine Modellierung des ganzen Kopfes, die Proportion der einzelnen Teile zueinander (die Augen nicht zu nah und nicht zu entfernt voneinander, die Nase nicht zu kurz, nicht zu lang, nicht zu schmal und nicht zu breit), das alles muß getreu zum Ausdruck gebracht werden, wenn man den Charakter des Löwen wiedergeben will (Fig. 1111).

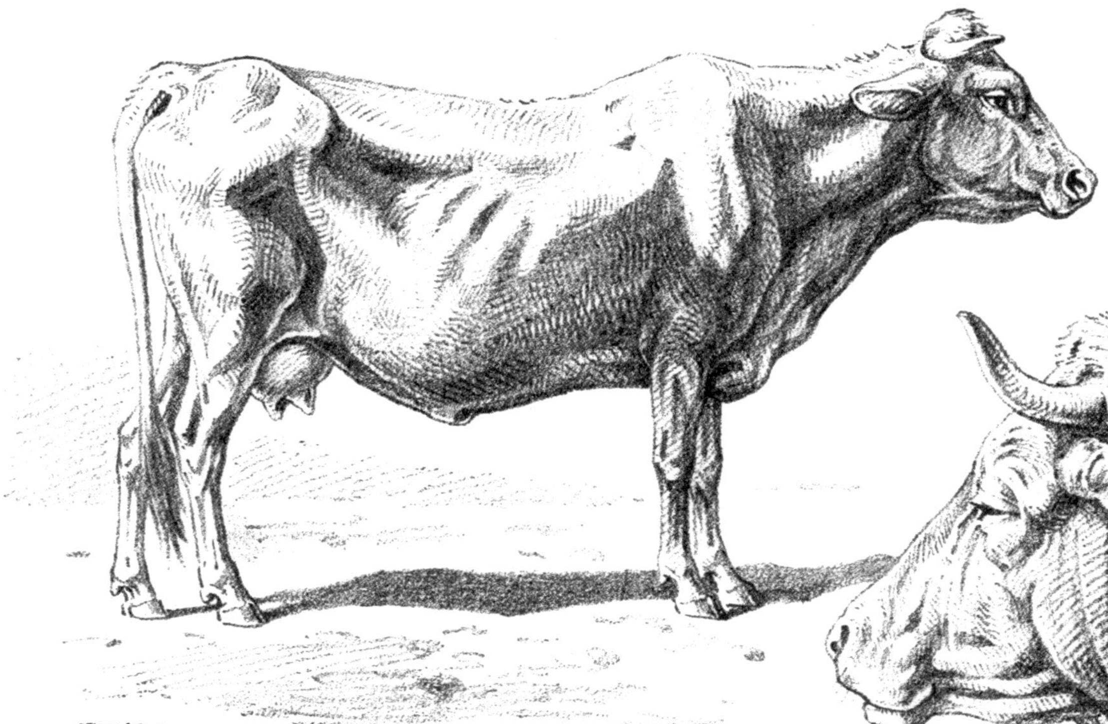

Fig. 1107.

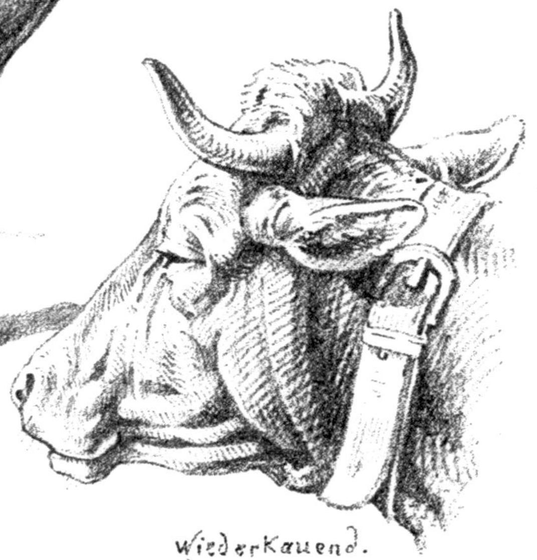

Fig. 1108.

Fast noch verwickelter gestaltet sich das Studium der gefleckten Tiere (Fig. 1113: Kopf des Königstigers); doch geben hier die Zeichnungen den Charakter und die Modellierung wieder.

Darstellung in Bewegung befindlicher Tiere.

Gründliche Kenntnis der Körperformen, scharfe Beobachtungsgabe, rasche Auffassung und flottes Gedächtniszeichnen erfordert die Darstellung von Tieren in der Bewegung. Ohne diese Eigenschaften gibt auch die Benützung der besten Momentaufnahmen nur Dilettantenmache.

Ein in Bewegung dargestelltes Tier, an welchem nicht der Rhythmus und die Mechanik der Fortbewegung ersichtlich sind, macht den Eindruck der Totenstarre, nicht der freien, munteren Lebendigkeit. — Das Studium

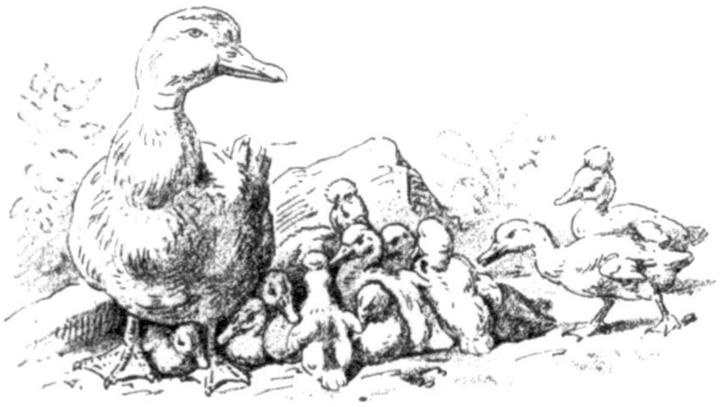

Fig. 1109.

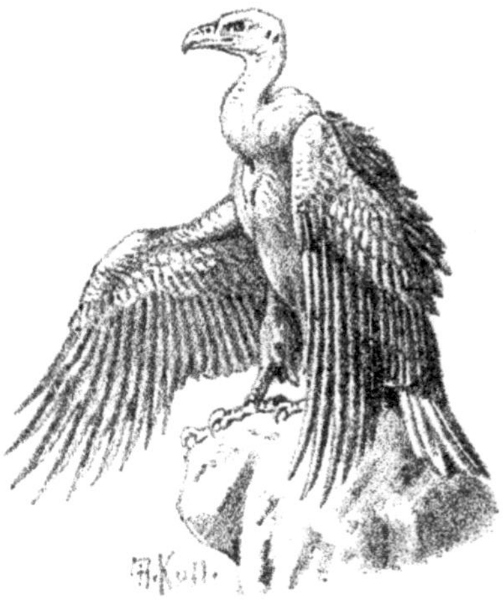

Fig. 1110.

der Muskulatur und deren Funktion bei der Bewegung ist von größter Wichtigkeit. So treten z. B. beim Abstoßen der Glieder vom Boden andere, bestimmte Formen bildende Muskeln und Sehnen plastisch hervor, als beim Aufsetzen derselben. Je präziser diese Plastik zum Ausdruck kommt, desto lebendiger und wahrheitsgemäßer wird auch der Eindruck der beabsichtigten Bewegung sein. Derartige Studien lassen sich z. B. bei Pferden im schweren Zug in Berganbewegung, namentlich bei alten Schimmeln bei Sonnenbeleuchtung, oder an Tieren machen, die in nicht zu großem Raume sich auf und ab bewegen (Menagerietiere). (Siehe den schreitenden Löwen, Fig. 1116.)

Noch interessanter gestaltet sich die Aufnahme zufälliger Stellungen und Gruppen, die im voraus eine Wiederkehr ausschließen. Hier gilt

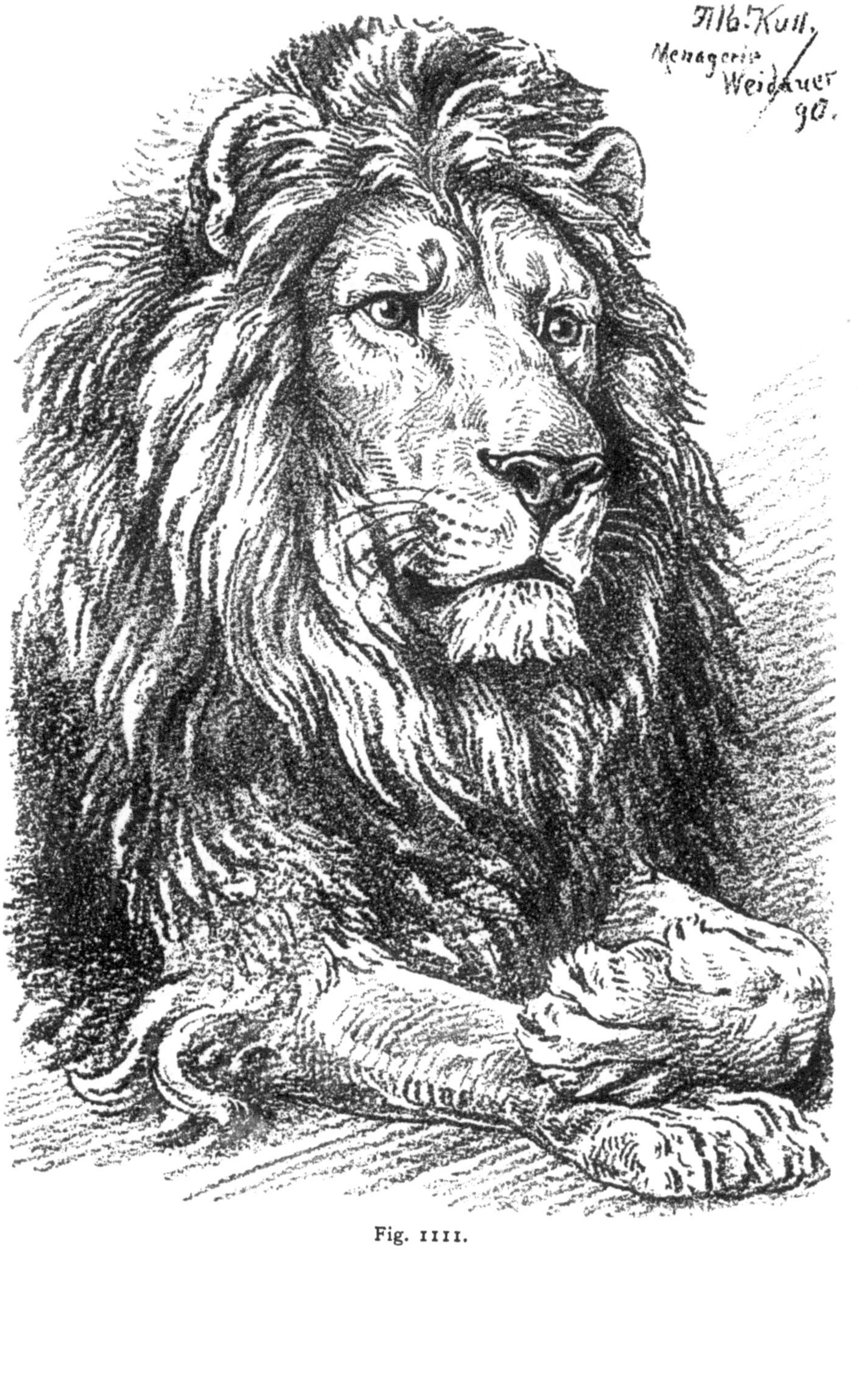

Fig. 1111.

es, die Situation in fieberhafter Eile und mit möglichst korrekten Strichen festzuhalten. Häufig reicht es nur zu ein paar einfachen Strichen, welche aber immerhin wertvoll sind, da sie den gesehenen Moment immer wieder im Gedächtnis auffrischen. Übrigens gelingen uns Skizzen wie die Figuren 1109, 1110, 1112, 1114 und 1115 nur selten. (Siehe Kopf des brüllenden und Skizze des lauernden Löwen, Fig. 1117 und 1118.)

Komposition.

Der Wunsch, seinen Studien die möglichste Vollendung und Abrundung in einem fertigen Bilde zu geben, ist nur zu begreiflich, wenn auch schwer auszuführen. Dies muß durch Ergänzung der Studie, durch

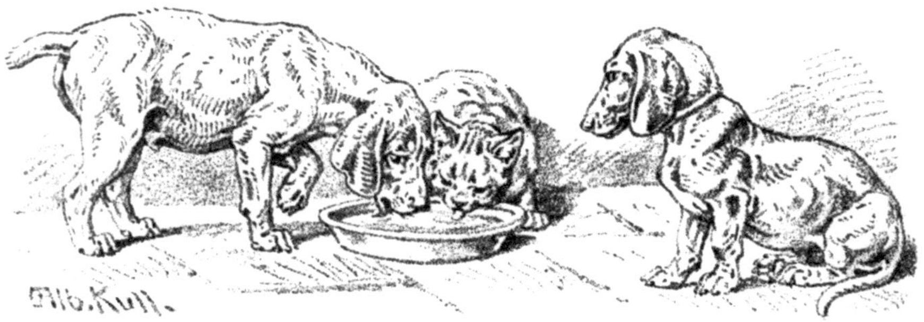

Fig. 1112.

feinere Durchbildung, Gruppierung usw. geschehen; dazu kommt noch die Wahl einer passenden Umgebung, was wieder landschaftliche Studien erfordert. Soll das Tier die Hauptfigur der Darstellung bilden, so muß der Vordergrund dementsprechend behandelt werden durch Anbringung von Pflanzen, Steinen, Zäunen, Mauern, Stallinnerem usw. Es ist unrichtig, ein Tier sorgfältig auszuführen, aber dessen Füße einfach auf einen leeren Fleck oder einen grünen Klecks zu stellen. Soweit Einzelheiten des Tierkörpers zu sehen sind, muß auch der Boden entsprechend modifiziert werden.

Wird eine offene Landschaft als Hintergrund gewählt, so ist es ratsam, den Horizont hinter den Körper des Tieres zu legen, dagegen die Kontur des Rückens höchstens durch Bäume oder Berge überschneiden zu lassen.

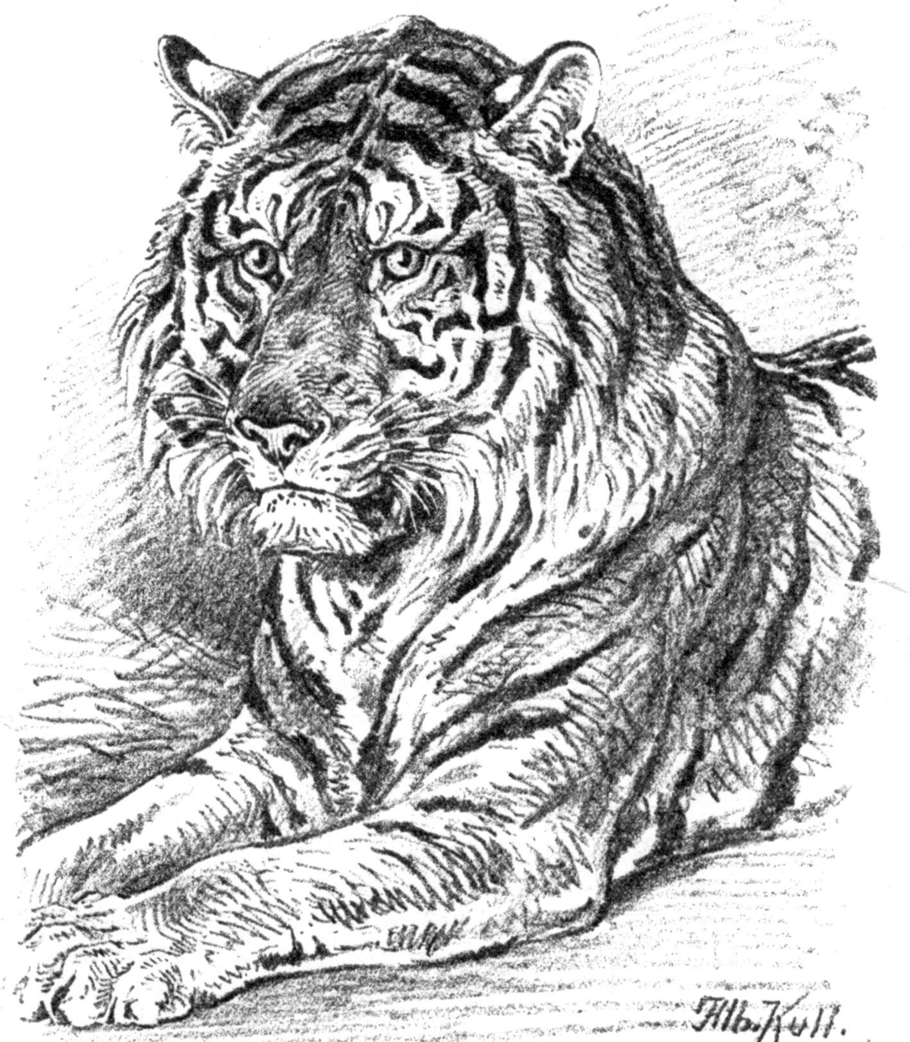

Fig. 1113.

Einfacher, namentlich bezüglich der Farbe, und empfehlenswerter ist die Anbringung eines fein abgestimmten hohen Terrains, einer Mauer oder eines Zauns oder nur dunkler resp. heller Hintergrund (siehe Tafel LV).

Den Hauptgegenstand vom Hintergrund nur durch Farbe usw. abheben zu wollen, geht nach Gips (Tafel LIV), sonst aber nicht an; vielmehr wird, was wir in Natur plastisch vor Augen haben, und was sich durch die Luftperspektive vom Hintergrund trennt, nicht durch Farbe, sondern hauptsächlich durch die Modellierung körperartig anschaulich gestaltet. Ein Gemälde soll nicht nur in Form und Farbe, sondern auch in der Wirkung der Natur entpsrechen.

Bei der Komposition von Tieren in voller Bewegung (springend, setzend, schleichend usw.) ist es nötig, sich die Skelett- und Muskelpartien, welche die richtige Kontur und Bewegung bestimmen,

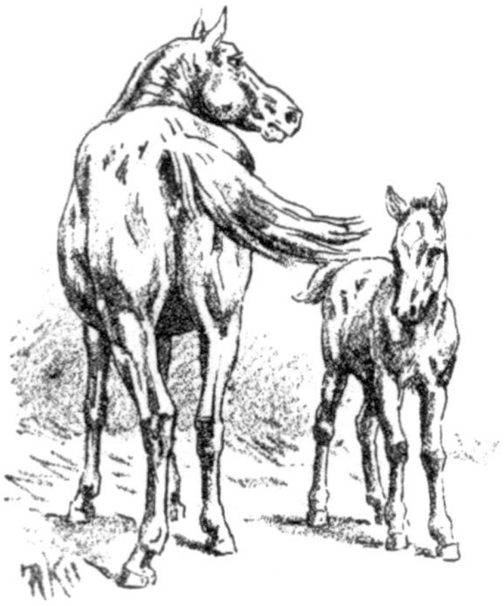

Fig. 1114.

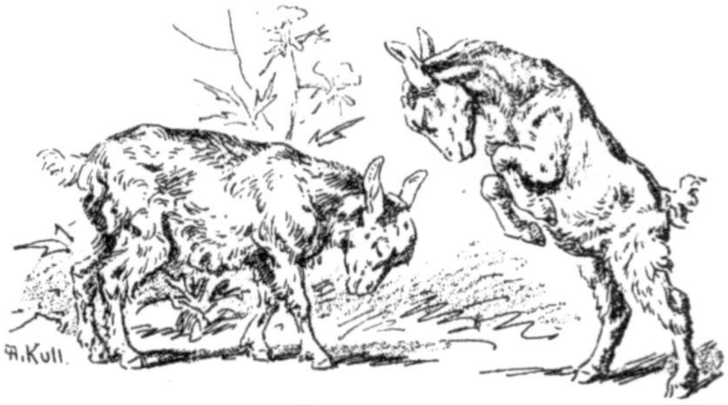

Fig. 1115.

genau zu vergegenwärtigen und zu fixieren. Hierbei erweist sich freilich die Auffassung und Darstellung von Momenten, wie der Gesichtsausdruck und die Verkürzungen, als reine Gefühlssache, muß sich daher auf scharfe Beobachtung und feine Empfindung gründen, um naturwahr wirken zu können.

Komplizierte Einrichtung und umständliches technisches Verfahren eignen sich nicht für den Tiermaler: das beste ist das Skizzierbuch und der Bleistift. Ersteres darf nicht zu groß sein, weil es handlich bleiben soll, letzterer weder zu hart noch zu weich. Harter Stift hindert den Fortschritt der Arbeit, weicher verwischt leicht das schon Fertige. Das Papier darf nicht glatt, noch weniger zu rauh sein; ein feines, gleichmäßig weiches Korn ist das beste. Das Papier muß kräftig genug sein.

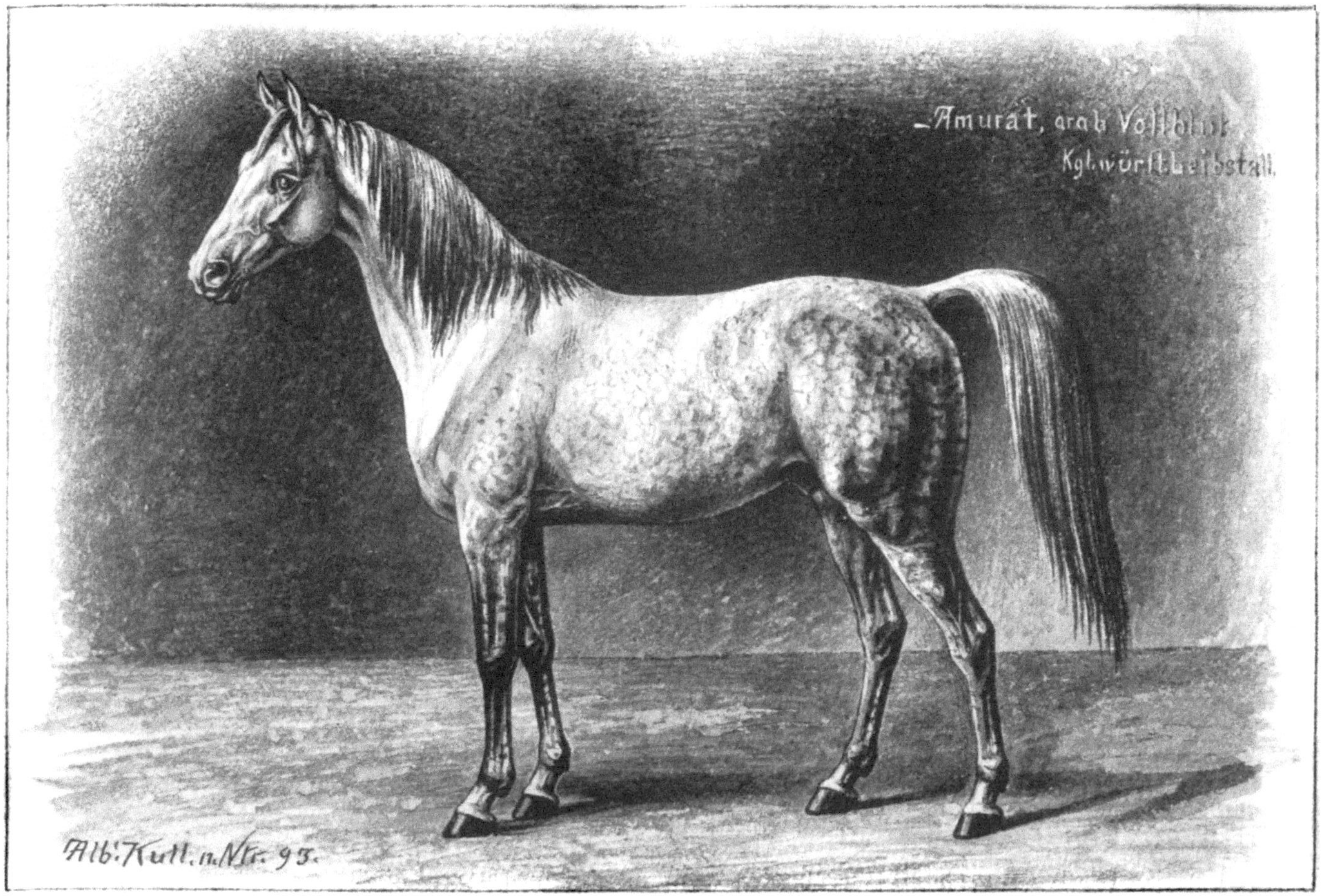
Amurat, arab. Vollblut
Kgl. württ. Leibstall.
Alb. Kull. n. Nr. 95.

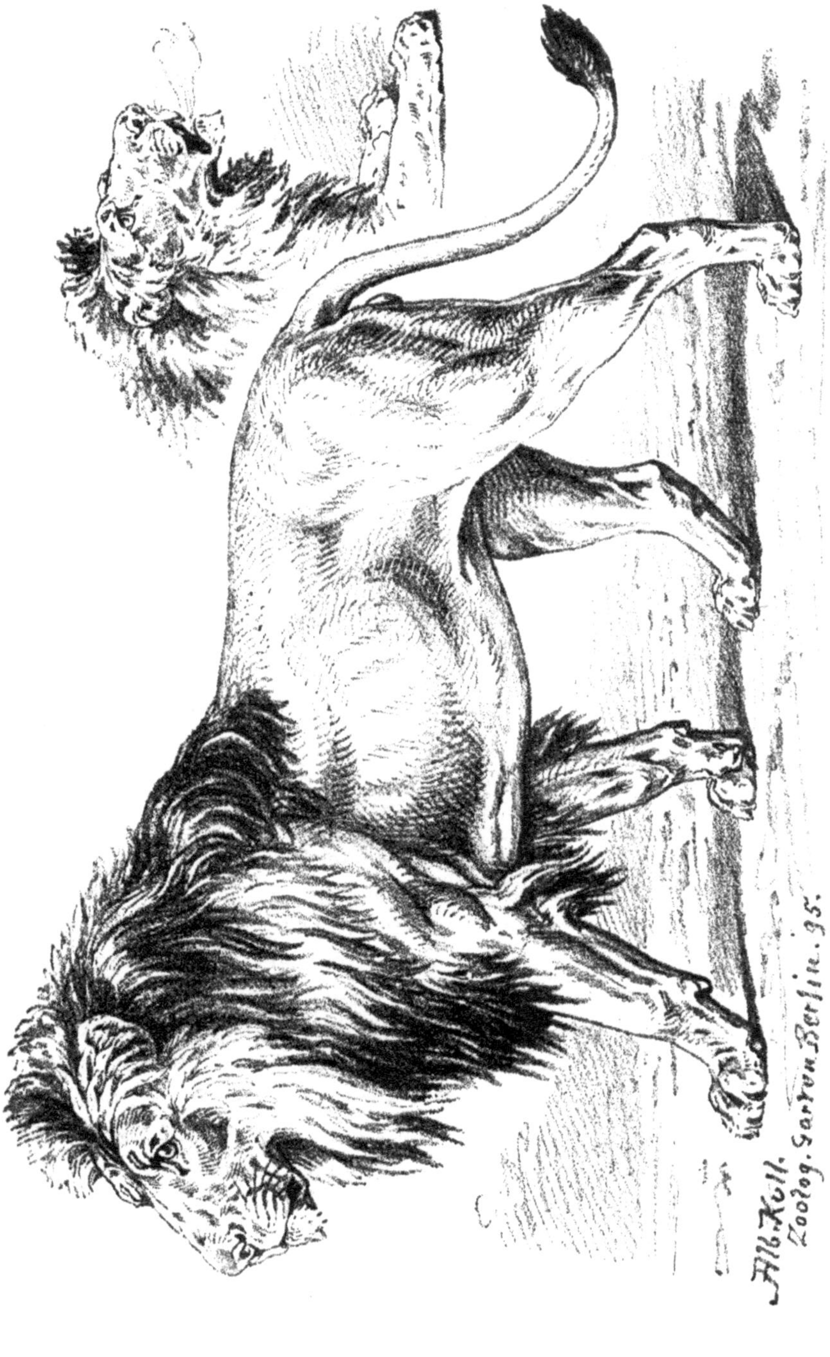

Fig. 1116 und 1117.

um etwas aushalten zu können. Radiergummi soll gar nicht in Anwendung kommen; lieber falsche Striche, als unnötige Zeitversäumnis. Des Hanges zum Sitzendarbeiten soll sich der Tierzeichner von Anfang an vollständig entwöhnen.

Beim Zeichnen merke man sich: rasche, möglichst korrekte Anlage; dann offene, energische Charakterstriche; klare, bestimmte Wiedergabe der Formen; lichte Stellen respektieren, tiefe Stellen satt und bestimmt auf den Platz setzen; erst, wenn es die Haltung des Tieres gestattet, auf feinere Ausführung übergehen!

Für farbige Studien gibt es leider keine einzige ganz praktische Einrichtung.

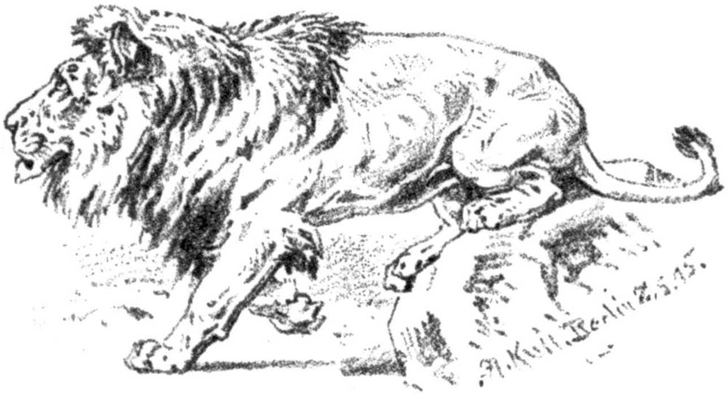

Fig. 1118.

Für kleinere Farbskizzen in Aquarell- oder Deckfarben finde ich es bewährt, sich einer zusammenlegbaren Blechpalette zu bedienen, auf welcher man zu Hause die Farben in flüssiger Form und in genügenden Portionen aufsetzt, und die leicht in die Tasche gesteckt werden kann. Weiter empfehle ich einen an die Palette zu hängenden Wasserbehälter (Palettstecher), ferner Pinsel und Bleistift und einen Skizzenblock mitzunehmen. Palette und Skizzenblock in der linken Hand zu halten, erfordert aber schon ziemlich viel Kraftaufwand; ein Krämpfigwerden der Hand ist nicht zu vermeiden; durch Ablegen geht freilich oft die kostbarste Zeit verloren. — Für größere Farbstudien ist eine Staffelei nötig, welche möglichst leicht gerückt werden kann. Das Vollenden solcher Studien ist meist Glückssache oder eine starke Geduldsprobe.

Von Farben empfehlen sich hierfür — außer Öl- und Aquarellfarben — Deckfarben, welche die Arbeit ungemein beschleunigen und leuchtend im Kolorit sind; nur trocknen sie um mehrere Töne heller auf.

Bei der Malweise handelt es sich um rasche Aufzeichnung mit unverwischbarem Material. Bei kleinen Studien auf Papier benütze ich flüssige Tusche und zeichne gleich mit dem Pinsel, was bedeutende Vorteile bietet. Bei Ölstudien benütze ich gerne eine dunkle Lasuruntermalung und zeichne die Kontur, ebenfalls mit Pinsel, in Rot oder Schwarz, je nach der Tiefe der Untermalung, auf. Zu empfehlen ist es, gleich um die Kontur den Lokalton des Hintergrundes anzugeben, damit die Farben danach gestimmt werden können.

Bei Aquarell- und Deckfarben sind zuerst die Schattentöne breit anzulegen, sodann die Reflexlichter vom Boden, dann der Lokalton des Tieres. Bei Aquarell sind die Luftreflexe breit auszusparen, bei Deck- und Ölfarben aufzusetzen und dann erst die feinere Ausführung vorzunehmen.

Den Anfängern im Kolorieren ist ernstlich zu raten, so farbig wie möglich vorzugehen, lieber zu bunt als zu farblos; das Richtige ergibt erst die Übung.

XVII

Das Wappenzeichnen

Von

Otto Hupp

Wappen sind höchst dankbare Motive künstlerischer Ausschmückung. Sie waren dazu von jeher beliebt, sind es noch und werden es wohl immer bleiben. Es ist daher wohlbegründet, wenn ihnen in diesem Werke ein Abschnitt eingeräumt ist. Eine Geschichte der Heraldik kann hier ja nicht geboten, wohl aber das erörtert werden, was für den Benützer dieses Buches von unmittelbarem Interesse ist, was sich also auf den Gebrauch von Wappen im allgemeinen und auf deren künstlerische Darstellung im besonderen bezieht. Vorzugsweise wird dabei auch die Vorliebe derer für Wappenschmuck berücksichtigt, die kein eigenes Familienwappen besitzen. Es werden Anleitungen zur Bildung eines solchen gegeben und auf anderweite Wappen, deren Benützung zu dekorativen Zwecken jedermann freisteht, wird aufmerksam gemacht.

Über Wappendarstellungen.

Als Schild und Helm aus dem wirklichen Gebrauche verschwanden, da begannen die Wappenkunst[1]) und die Wappenwissenschaft, beide ursprünglich Blüte und Frucht desselben Baumes, sich zu trennen. Jede ging ihren eigenen Weg, beide aber, je mehr Zeit sich zwischen sie und die letzten ritterlichen Turniere legte, gingen desto mehr bergab. Zu Anfang dieses Jahrhunderts gab es kaum noch einen Kenner des echten alten Wappenwesens und fast keinen mehr, der ein Wappen heraldisch-gut hätte zeichnen können. Und wenn auch in den letzten vier Jahrzehnten — namentlich durch die heraldischen Vereine — mehr als in den letzten drei Jahrhunderten zur Hebung und Wiedervereinigung von heraldischer Kunst und heraldischer Wissenschaft geschehen ist, so hat doch letztere davon mehr Vorteil gezogen als erstere; wir haben heute weit mehr und bessere Wappenkundige als Wappenkünstler. Auf den ersten Blick scheint freilich das Gegenteil der Fall zu sein, man sieht ja überall Wappendarstellungen, während von den Arbeiten der Kundigen selten etwas

---

[1]) Das Wort wird hier nur im engeren Sinne benützt, also nur die bildliche Darstellung von Wappen darunter verstanden.

über den Rand der Fachwerke und Fachzeitschriften läuft. Aber die Menge dieser Wappendarstellungen ist zwar recht „flott" gezeichnet und gemalt, doch zur eigentlichen Wappenkunst verhält sie sich so, wie etwa der Pappdeckelharnisch des Theaterritters zu einer alten Rüstung. Bei dieser alles Gediegenheit, ernste Kraft und Kunst, der Bühnenharnisch nur ein Widerschein davon in Silberblech.

Anbringung von Wappen.

Bei Wappendarstellungen ist in erster Linie zu bedenken, daß ein Wappen nicht ein neutrales Dekorationsmotiv ist, wie Ornamente, Blumen, Masken, Amoretten usw. es sind. Die heraldische Formensprache ist buchstäblich eine Sprache, eine Zeichensprache. Ein Wappen dekoriert nicht nur, sondern es sagt auch etwas ganz Bestimmtes aus, und das eben ist die Hauptsache. Es ruft dem, der Heraldisch versteht, schneller, als Worte es vermöchten, den Namen eines Landes, einer Stadt, Familie oder Genossenschaft zu. Es gleicht darin einer schönen Schrift. Auch diese dekoriert nicht bloß gut, sondern gibt auch Worte und einen Sinn. Wer würde einen Namen in schöner Schrift mehrmals nebeneinander schreiben? Und doch schreit bei mancher Hausfassade dasselbe Wappen denselben Namen von jedem Fensteraufsatze herab! Und wie hundertmal sieht man Wappen, die keinen eigentlichen Sinn haben: bloße Zusammenstellungen schöner Formen ohne belebenden Geist. Und die nennt man dann auch noch: „Phantasiewappen", als wenn die Phantasie dabei etwas anderes getan hätte, als ursprünglich bedeutungsvoll redende Formen nichtssagend zu machen. Wie häufig werden auch leere Wappenschilde zum Schmucke angebracht! Dekoriert man denn mit leeren Bilderrahmen? Welche Geschmackserweichung aber ist es erst, Wappenschilde zu Firmenschildern herabzuwürdigen. Dies unchristliche Einschreiben von Firmen, modernen Monogrammen oder Reklameworten in die Formen eines alten Kampfschildes ist die vollendete heraldische Lächerlichkeit.

Vorbilder.

Die Heraldik ist eine tote Sprache wie das Lateinische. Und wie die Nachgeborenen mit zuwachsenden Begriffen und Bedürfnissen die römische Ursprache mit Worten und Wendungen bereicherten und dabei oft verderbten, so ist auch die Mundart der Herolde später mit neuen

FSC
www.fsc.org
MIX
Papier | Fördert
gute Waldnutzung
FSC® C083411

Kolibri 360 GmbH
Ferdinand-Jühlke-Straße 7
99095 Erfurt, Deutschland
produktsicherheit@kolibri360.de